Abdelhafid Mimouni

O peso silencioso da hipertensão

Abdelhafid Mimouni

O peso silencioso da hipertensão

ScienciaScripts

Imprint

Any brand names and product names mentioned in this book are subject to trademark, brand or patent protection and are trademarks or registered trademarks of their respective holders. The use of brand names, product names, common names, trade names, product descriptions etc. even without a particular marking in this work is in no way to be construed to mean that such names may be regarded as unrestricted in respect of trademark and brand protection legislation and could thus be used by anyone.

Cover image: www.ingimage.com

This book is a translation from the original published under ISBN 978-620-6-71566-5.

Publisher:
Sciencia Scripts
is a trademark of
Dodo Books Indian Ocean Ltd. and OmniScriptum S.R.L publishing group

120 High Road, East Finchley, London, N2 9ED, United Kingdom
Str. Armeneasca 28/1, office 1, Chisinau MD-2012, Republic of Moldova, Europe
Printed at: see last page
ISBN: 978-620-7-90351-1

Copyright © Abdelhafid Mimouni
Copyright © 2024 Dodo Books Indian Ocean Ltd. and OmniScriptum S.R.L publishing group

O peso silencioso da hipertensão

Autor: O Dr. Abdelhafid Mimouni é um investigador independente especializado em química de sistemas bioinorgânicos, com vasta experiência em síntese e caraterização macromoleculares. Obteve o seu doutoramento em química pela Universidade de Paris XII em 1997 e um Diplôme d'Études Approfondies em sistemas bioinorgânicos pela Universidade de Paris XI em 1993.

Resumo:

Este trabalho examina o papel crucial das hormonas adrenais, como o cortisol e a aldosterona, em vários processos fisiológicos essenciais. Centrando-nos na sua influência na saúde dos idosos, exploramos a forma como estas hormonas interagem com outros sistemas reguladores para manter o equilíbrio no organismo. Também examinamos as alterações relacionadas com a idade na função da glândula suprarrenal e o seu impacto na saúde geral. Além disso, discutimos as implicações terapêuticas e os avanços na investigação bioinorgânica para o tratamento de doenças associadas a uma função adrenal deficiente. Este trabalho tem como objetivo aprofundar a nossa compreensão dos mecanismos subjacentes e propor perspectivas futuras para a medicina personalizada no envelhecimento e na saúde.

Plano

Introdução

As hormonas supra-renais, segregadas pelas glândulas supra-renais, desempenham um papel essencial na regulação de uma variedade de processos fisiológicos cruciais para a manutenção da saúde humana. No centro destes processos estão elementos como a resposta ao stress, o metabolismo, a função imunitária e a regulação da pressão arterial. Estas hormonas, incluindo o cortisol e a aldosterona, interagem de forma complexa com outros sistemas reguladores do organismo para coordenar estas funções vitais.

Esta investigação explora em profundidade o papel das hormonas adrenais no contexto do envelhecimento, destacando a sua influência na saúde dos indivíduos mais velhos. Nesta introdução, apresentamos os principais temas que serão desenvolvidos neste trabalho. Começamos com uma discussão sobre as principais funções das hormonas supra-renais, seguida de uma análise das alterações da função das glândulas supra-renais relacionadas com a idade. De seguida, salientamos a importância da compreensão destes mecanismos para o desenvolvimento de abordagens terapêuticas adaptadas aos idosos.

Finalmente, apresentaremos brevemente a estrutura desta investigação, descrevendo os diferentes capítulos e os aspectos específicos que serão abordados. O objetivo deste trabalho é aprofundar o nosso conhecimento sobre o papel das hormonas supra-renais no envelhecimento e abrir novas perspectivas para a gestão da saúde dos indivíduos mais velhos.

Capítulo 1: Introdução à fisiologia das glândulas supra-renais

A descoberta e o desenvolvimento dos corticosteróides representam um capítulo importante na história da medicina moderna. Estes compostos foram isolados e identificados pela primeira vez durante o século XX, marcando o início de uma nova era no tratamento de várias condições médicas. Aqui está uma exploração pormenorizada dos principais marcos desta história:

1 As primeiras descobertas : As primeiras descobertas relativas aos corticóides remontam ao início do século XX, quando os investigadores começaram a identificar e a isolar compostos das glândulas supra-renais. Em 1936, Edward Kendall e os seus colegas conseguiram extrair um composto hormonal das glândulas supra-renais, que designaram por "cortisona".

2   Síntese e produção em massa: Embora a cortisona tenha sido a primeira hormona corticosteroide a ser isolada, a sua produção em quantidades suficientes para utilização médica foi inicialmente limitada. No entanto, nos anos que se seguiram, grandes avanços na síntese química permitiram a produção em massa de corticosteróides, abrindo caminho para a sua utilização generalizada na prática médica.

3   Aplicações clínicas: Nas décadas de 1940 e 1950, os corticosteróides começaram a ser utilizados no tratamento de uma variedade de condições médicas, desde doenças inflamatórias e auto-imunes a alergias e perturbações endócrinas. As suas propriedades anti-inflamatórias e imunossupressoras tornaram-nos inestimáveis no tratamento de muitas doenças graves.

4	Investigação subsequente: Ao longo das décadas, a investigação sobre os corticosteróides continuou, aprofundando a nossa compreensão do seu mecanismo de ação, dos seus efeitos no organismo e das suas implicações clínicas. Investigadores de todo o mundo contribuíram para este conhecimento crescente, abrindo novas perspectivas sobre a utilização e o potencial terapêutico dos corticosteróides.

5	Desenvolvimentos recentes e perspectivas futuras: No século XXI, os corticosteróides continuam a ser amplamente utilizados na prática médica, mas ainda está em curso uma vasta investigação para explorar novas aplicações, aperfeiçoar os protocolos de tratamento e minimizar os efeitos secundários associados à sua utilização. Os avanços na investigação sobre os corticosteróides oferecem perspectivas promissoras sobre o seu potencial para o tratamento de uma variedade de doenças, ao mesmo tempo que sublinham a importância contínua da inovação e da vigilância clínica na sua utilização.

Os corticosteróides são um tema interessante. São frequentemente utilizados no domínio médico pelo seu efeito anti-inflamatório e imunossupressor. Estes medicamentos imitam as hormonas corticosteróides produzidas naturalmente pelas glândulas supra-renais do organismo.

Existem dois tipos principais de corticosteróides: os glucocorticóides e os mineralocorticóides. Os glucocorticóides são frequentemente prescritos pelo seu efeito anti-inflamatório, enquanto os mineralocorticóides estão principalmente envolvidos na regulação do equilíbrio eletrolítico e da pressão arterial.

Os corticosteróides são utilizados para tratar uma variedade de condições médicas, incluindo alergias, asma, artrite, doenças auto-imunes, doenças dermatológicas, doenças respiratórias e muitas outras.

No entanto, a utilização prolongada ou em doses elevadas pode ter vários efeitos secundários, incluindo um risco acrescido de infeção, redução da densidade óssea, aumento de peso, aumento da pressão arterial e perturbações metabólicas como a diabetes.

Além disso, a interrupção abrupta dos corticosteróides após uma utilização prolongada pode provocar uma síndrome de abstinência com sintomas como fadiga, dores musculares e articulares e, por vezes, uma recaída dos sintomas da doença que está a ser tratada.

Devido a estes potenciais efeitos secundários, é importante que a utilização de corticosteróides seja supervisionada por um profissional de saúde e que os doentes sejam cuidadosamente monitorizados durante o tratamento.

Os mineralocorticóides são uma classe de hormonas esteróides produzidas pela glândula suprarrenal, principalmente pela camada externa denominada zona glomerular. A aldosterona é o exemplo mais conhecido de um mineralocorticóide.

O seu principal papel fisiológico é regular o equilíbrio dos electrólitos no organismo, nomeadamente o sódio (Na+) e o potássio (K+). Eis como funcionam para regular o equilíbrio dos electrólitos e a pressão arterial:

1   Reabsorção de sódio: Os mineralocorticóides, principalmente a aldosterona, actuam nos rins para promover a reabsorção de sódio nos túbulos renais. Isto significa que mais sódio é retido no organismo em vez de ser excretado na urina. O sódio é um eletrólito essencial envolvido em muitos processos fisiológicos, incluindo a manutenção do equilíbrio hídrico e a regulação da pressão osmótica.

2   Excreção de potássio: Para além de favorecerem a reabsorção de sódio, os mineralocorticóides aumentam também a excreção de potássio pelos rins. Este facto ajuda a manter um equilíbrio adequado de potássio no organismo. Um excesso ou uma carência de potássio pode ter consequências graves para a função cardíaca e muscular.

3   Retenção de água: Quando o sódio é reabsorvido nos rins, a água tende a seguir-se por osmose. Assim, a ação dos mineralocorticóides na reabsorção do sódio contribui também para a retenção de água no organismo, o que pode aumentar o volume sanguíneo e, consequentemente, a pressão arterial.

Ao regularem o equilíbrio eletrolítico e a retenção de água, os mineralocorticóides desempenham um papel crucial na manutenção da pressão arterial. A disfunção dos mineralocorticóides pode levar a distúrbios dos electrólitos e a variações da pressão arterial, que podem levar a problemas de saúde como a hipertensão ou a hipocaliemia.

Vamos aprofundar a relação entre os mineralocorticóides, os electrólitos e a tensão arterial, concentrando-nos nas consequências da disfunção.

1   Hipertensão arterial :

Os mineralocorticóides, particularmente a aldosterona, promovem a retenção de sódio nos rins, levando a um aumento do volume sanguíneo.

oO aumento do volume de sangue leva a um aumento da pressão nas paredes dos vasos sanguíneos, resultando numa pressão arterial mais elevada.

oA disfunção mineralocorticóide, como a produção excessiva de aldosterona, pode levar à retenção excessiva de sódio e ao aumento da pressão arterial, contribuindo para o desenvolvimento da hipertensão.

2   Hipocalemia :

oOs mineralocorticóides também aumentam a excreção de potássio nos rins.

oA disfunção mineralocorticóide, como a produção excessiva de aldosterona, pode levar a uma perda excessiva de potássio.

Os níveis baixos de potássio no sangue, ou hipocaliemia, podem ter consequências graves, incluindo ritmos cardíacos anormais, fraqueza muscular e perturbações neurológicas.

A hipocaliémia pode também contribuir para a hipertensão arterial ao alterar a função das células musculares lisas das paredes dos vasos sanguíneos, o que pode levar a uma constrição anormal dos vasos sanguíneos e a um aumento da pressão arterial.

Em resumo, a disfunção mineralocorticóide pode perturbar o equilíbrio dos electrólitos, em particular o sódio e o potássio, o que pode levar a um aumento da pressão arterial (hipertensão) e a níveis anormalmente baixos de potássio no sangue (hipocaliemia). Estas condições podem levar a uma série de problemas de saúde graves e requerem frequentemente tratamento médico para serem controladas e geridas eficazmente.

A prednisolona é um glucocorticoide, que é uma classe de corticosteróides. Os glucocorticóides são amplamente utilizados na prática médica devido aos seus poderosos efeitos anti-inflamatórios e imunossupressores. A prednisolona é derivada da prednisona, outro corticosteroide, e é frequentemente prescrita para tratar uma variedade de doenças inflamatórias, alérgicas e auto-imunes, como asma, artrite reumatoide, doença inflamatória intestinal, doenças de pele e muitas outras.

Os glucocorticóides, incluindo a prednisolona, podem afetar o controlo da pressão arterial (PA), embora o seu efeito seja geralmente menos pronunciado do que o dos mineralocorticóides.

Veja como a prednisolona pode afetar a tensão arterial:

1   Resposta inflamatória: A prednisolona, como glucocorticoide, suprime a inflamação no organismo. Em alguns casos, a inflamação crónica pode contribuir para a pressão arterial elevada. Ao suprimir esta inflamação, a prednisolona pode, indiretamente, ajudar a reduzir a tensão arterial em algumas pessoas.

2	Retenção de sódio e água: Embora os glucocorticóides não sejam tão potentes como os mineralocorticóides na retenção de sódio e água, doses elevadas ou utilização prolongada podem resultar numa ligeira retenção de sódio e água, que pode contribuir para um aumento da pressão arterial em alguns indivíduos susceptíveis.

3	Efeito no metabolismo dos hidratos de carbono: Os glucocorticóides podem aumentar a resistência à insulina e promover a lipogénese, o que pode levar a um aumento dos níveis de glicose no sangue e possivelmente contribuir para o desenvolvimento de hipertensão arterial em certos indivíduos, particularmente naqueles com predisposição para a diabetes ou intolerância à glicose.

No entanto, é importante notar que o efeito da prednisolona e de outros glucocorticóides sobre a pressão arterial pode variar de pessoa para pessoa, dependendo de vários factores, como a dose, a duração do tratamento, a sensibilidade individual e a presença de outras condições médicas subjacentes. Por conseguinte, é essencial que a utilização de prednisolona seja cuidadosamente monitorizada por um profissional de saúde, especialmente em doentes com antecedentes de tensão arterial elevada ou outros problemas cardiovasculares.

Numa pessoa com uma tensão arterial (TA) de 12 (que é uma tensão arterial normal) e uma idade de 57 anos, tomar prednisolona pode potencialmente afetar a tensão arterial de várias formas:

1.	ligeiro aumento da tensão arterial: a prednisolona pode ter um efeito mínimo no aumento da tensão arterial, principalmente devido à sua capacidade de reter sódio e água no organismo. No entanto, este aumento é geralmente ligeiro e pode não ser clinicamente significativo em todos os indivíduos.

2   Variação individual: O efeito da prednisolona na tensão arterial pode variar de pessoa para pessoa. Algumas pessoas podem ser mais sensíveis a estes efeitos e sentir um aumento mais visível da tensão arterial, enquanto outras podem não ser significativamente afectadas.

3   Monitorização necessária: Dado que tem uma tensão arterial normal, é importante monitorizar cuidadosamente a sua tensão arterial se começar a tomar prednisolona. O seu médico pode recomendar controlos regulares da tensão arterial para detetar qualquer aumento significativo e ajustar o tratamento, se necessário.

4   Outros factores de risco: É também importante considerar outros factores de risco de doença cardiovascular, como diabetes, obesidade, tabagismo e história familiar de doença cardíaca, uma vez que estes factores podem influenciar a forma como a prednisolona afecta a sua saúde cardiovascular geral.

Em resumo, embora a prednisolona possa ter um efeito mínimo no aumento da tensão arterial em algumas pessoas, é essencial discutir quaisquer potenciais alterações com o seu médico e monitorizar de perto a sua tensão arterial enquanto estiver a tomar este medicamento.

A prednisona, tal como a prednisolona, pertence à classe dos glucocorticóides, que são hormonas esteróides produzidas naturalmente pelas glândulas supra-renais. O seu mecanismo anti-inflamatório é complexo e envolve várias acções a nível celular e molecular. Segue-se uma explicação simplificada do mecanismo anti-inflamatório da prednisona:

1   Inibição da síntese de mediadores inflamatórios: A prednisona actua a nível celular para inibir a síntese de vários mediadores inflamatórios, como as prostaglandinas, os leucotrienos e as citocinas pró-inflamatórias. Estes mediadores desempenham um papel fundamental no desencadeamento e propagação da resposta inflamatória.

2   Supressão da atividade das células imunitárias: A prednisona suprime a atividade das células imunitárias, em particular dos linfócitos T e B, macrófagos e monócitos. Estas células estão envolvidas na resposta imunitária e na libertação de citocinas pró-inflamatórias. Ao inibir a sua função, a prednisona reduz a resposta inflamatória.

3   Inibição da migração das células imunitárias: A prednisona reduz a capacidade das células imunitárias de migrarem para os locais de inflamação. Isto reduz a acumulação de células imunitárias nos tecidos inflamados, o que ajuda a reduzir a inflamação.

4   Estabilização das membranas celulares: A prednisona também pode estabilizar as membranas celulares, reduzindo a libertação de determinados mediadores inflamatórios.

5   Diminuição da permeabilidade vascular: A prednisona pode reduzir a permeabilidade dos vasos sanguíneos, reduzindo assim a fuga de fluidos e células inflamatórias para os tecidos circundantes.

Globalmente, a prednisona exerce a sua ação anti-inflamatória através da modulação complexa da resposta imunitária e da redução da produção e atividade dos mediadores inflamatórios. No entanto, é importante notar que o uso prolongado ou doses elevadas de prednisona podem levar a efeitos secundários indesejáveis, incluindo imunossupressão, osteoporose, hipertensão arterial e outros problemas de saúde. Por conseguinte, a sua utilização deve ser acompanhada de perto por um profissional de saúde.

Uma teoria parece interessante e aborda vários aspectos importantes da fisiologia humana ligados ao envelhecimento e à função das glândulas supra-renais:

1   Envelhecimento e função suprarrenal: Está bem estabelecido que a função das glândulas supra-renais diminui com a idade. As glândulas supra-renais produzem hormonas como o cortisol, que desempenha um papel crucial na regulação da resposta imunitária e do metabolismo. Com o tempo, esta capacidade de produzir hormonas pode diminuir, o que pode afetar a resposta imunitária e a regulação da pressão arterial.

2   Hipertensão e hipotensão relacionadas com a idade: O envelhecimento está frequentemente associado a alterações da tensão arterial. Algumas pessoas idosas desenvolvem hipertensão, enquanto outras podem sofrer de hipotensão. Os desequilíbrios hormonais, incluindo os que envolvem as hormonas supra-renais, como o cortisol, podem contribuir para estas alterações da tensão arterial.

3   Papel dos corticosteróides no tratamento : Os corticosteróides, como a prednisona ou a prednisolona, são frequentemente utilizados para tratar uma

variedade de doenças relacionadas com a função suprarrenal deficiente, bem como outras doenças inflamatórias e auto-imunes. No entanto, a sua utilização deve ser cuidadosamente monitorizada devido aos seus potenciais efeitos secundários, particularmente no sistema imunitário e na regulação da pressão arterial.

4   Investigação futura: Explorar melhor a relação entre o envelhecimento, a função da glândula suprarrenal, a resposta imunitária e a pressão arterial pode ser uma área de investigação promissora. Compreender a forma como estes processos interagem pode ajudar a desenvolver melhores estratégias de tratamento para os idosos, minimizando os efeitos secundários de medicamentos como os corticosteróides.

Em resumo, a sua teoria levanta questões importantes sobre a forma como o envelhecimento afecta a função da glândula suprarrenal, a resposta imunitária e a pressão arterial, bem como o papel dos corticosteróides no tratamento destas alterações. Uma exploração mais aprofundada destas ideias poderia contribuir para uma melhor compreensão dos mecanismos subjacentes e para novas abordagens terapêuticas destinadas a melhorar a saúde dos idosos.

Capítulo 2: Envelhecimento e função suprarrenal

O processo de envelhecimento leva a uma série de alterações fisiológicas no organismo, incluindo uma alteração na função das glândulas supra-renais. Neste capítulo, exploramos em pormenor os efeitos do envelhecimento na função suprarrenal e as implicações destas alterações para a saúde dos idosos.

Análise das alterações da função da glândula suprarrenal relacionadas com a idade

A função da glândula suprarrenal sofre alterações significativas com o envelhecimento, o que pode ter um impacto significativo na saúde geral dos idosos. Esta análise das alterações da função da glândula suprarrenal relacionadas com a idade permitirá uma melhor compreensão das implicações destas alterações para a saúde dos indivíduos idosos.

Alterações estruturais e funcionais: Com a idade, as glândulas supra-renais sofrem alterações estruturais e funcionais. Estas alterações incluem uma redução do tamanho das glândulas supra-renais e uma alteração da composição celular, nomeadamente uma redução do número de células produtoras de hormonas. Estas alterações estruturais podem comprometer a capacidade das glândulas supra-renais para produzir e libertar eficazmente hormonas na corrente sanguínea.

Diminuição da produção de hormonas: A redução da função suprarrenal nos idosos está frequentemente associada a uma diminuição da produção de hormonas, nomeadamente do cortisol. O cortisol é uma hormona essencial produzida pelas glândulas supra-renais e está envolvida na resposta ao stress, na regulação metabólica e na modulação da resposta imunitária. Uma diminuição da produção de cortisol pode levar a desequilíbrios nestes processos fisiológicos, contribuindo para o desenvolvimento de várias condições médicas.

Impacto na resposta ao stress: O cortisol é essencial para regular a resposta ao stress. Uma redução da produção de cortisol pode levar a uma alteração da resposta ao stress nos idosos, tornando-os potencialmente mais vulneráveis aos efeitos negativos do stress para a saúde, como a ansiedade, a depressão e as doenças cardiovasculares.

Efeitos no metabolismo: O cortisol também desempenha um papel crucial na regulação do metabolismo, incluindo a gestão de açúcares e gorduras no organismo. Uma redução da produção de cortisol pode perturbar este equilíbrio metabólico, aumentando o risco de desenvolver diabetes tipo 2, obesidade abdominal e outras perturbações metabólicas nos idosos.

Implicações para a saúde em geral: As alterações da função suprarrenal nos idosos podem ter um impacto significativo na sua saúde em geral, contribuindo para o desenvolvimento de doenças comuns associadas ao envelhecimento, como as doenças cardiovasculares, a diabetes, a osteoporose e o défice cognitivo.

Em suma, a análise das alterações da função da glândula suprarrenal relacionadas com a idade evidencia a importância destas alterações para a saúde dos idosos. Um conhecimento aprofundado destas alterações permitir-nos-á desenvolver estratégias de prevenção e gestão da doença nos idosos, com o objetivo de promover a sua saúde e bem-estar a longo prazo.

Consequências da redução da função suprarrenal na saúde dos idosos

A redução da função suprarrenal nos idosos pode levar à hipotensão ortostática, uma condição em que a pressão arterial cai drasticamente quando a pessoa se levanta depois de estar sentada ou deitada. Esta queda de pressão pode causar tonturas, vertigens e até desmaios, aumentando o risco de quedas e lesões nos idosos.

Estudos demonstraram que a genética pode desempenhar um papel na predisposição para a hipotensão ortostática. Por exemplo, certas mutações genéticas podem alterar a regulação da pressão arterial, aumentando assim a suscetibilidade a esta doença nos idosos. Além disso, a investigação identificou variantes genéticas associadas a níveis reduzidos de determinadas hormonas supra-renais, que podem contribuir para uma resposta alterada ao stress e para problemas de regulação da pressão arterial nos idosos.

Embora a genética possa desempenhar um papel na predisposição para esta doença, outros factores, como o estilo de vida e as co-morbilidades, podem também contribuir para o seu desenvolvimento. Uma abordagem holística da saúde dos idosos, que tenha em conta tanto os factores genéticos como os ambientais, é essencial para prevenir e gerir eficazmente estes problemas de saúde.

Capítulo 3: Imunomodulação pelas hormonas supra-renais

Este capítulo analisa a complexa interação entre as hormonas supra-renais e o sistema imunitário, destacando o papel crucial do cortisol e de outras hormonas na regulação da resposta imunitária.

O papel central do cortisol e das hormonas supra-renais no equilíbrio da resposta imunitária

O cortisol, frequentemente referido como a hormona do stress devido ao seu papel principal na regulação das respostas ao stress, revela uma função muito mais ampla e complexa no campo da imunologia. Esta hormona, juntamente com outras hormonas supra-renais, como a aldosterona e a DHEA, actuam como moduladores-chave do sistema imunitário, orquestrando uma cascata de respostas fisiológicas cruciais para a proteção do organismo.

Através de mecanismos sofisticados, o cortisol regula com precisão as respostas imunitárias inatas e adaptativas. Por exemplo, influencia a produção de citocinas, as moléculas de sinalização que coordenam a resposta imunitária, inibindo a síntese de citocinas pró-inflamatórias e promovendo a síntese de citocinas anti-inflamatórias. O cortisol limita igualmente a migração das células imunitárias para os locais de inflamação, reduzindo assim a intensidade da reação inflamatória. Estas acções combinadas ajudam a manter um equilíbrio delicado entre a proteção contra os agentes patogénicos e a prevenção dos danos causados por uma inflamação excessiva.

Além disso, a aldosterona, outra hormona suprarrenal, está envolvida na regulação do equilíbrio eletrolítico e hídrico do corpo, o que pode ter implicações indirectas na imunidade, modulando o ambiente celular em que ocorrem as respostas imunitárias. Do mesmo modo, sabe-se que a DHEA, embora o seu papel específico na resposta imunitária seja menos conhecido, modula a inflamação e regula a resposta imunitária celular.

Assim, o cortisol e outras hormonas supra-renais fazem mais do que simplesmente gerir o stress; desempenham um papel crucial na manutenção da homeostase imunitária, assegurando uma defesa eficaz contra as agressões e evitando respostas excessivas que possam causar danos nos tecidos. A compreensão detalhada destes mecanismos imunomoduladores oferece perspectivas promissoras para o desenvolvimento de novas estratégias terapêuticas destinadas a regular a resposta imunitária numa vasta gama de doenças, desde a inflamação crónica às doenças auto-imunes.

Análise das alterações imunitárias relacionadas com a idade e sua influência na saúde geral

Com o envelhecimento, o sistema imunitário sofre uma série de transformações profundas e complexas, um processo frequentemente designado por imunossenescência. Esta evolução inclui uma panóplia de mudanças que afectam a resposta imunitária como um todo, desde uma diminuição da eficiência das células imunitárias até alterações nos mecanismos de regulação da inflamação. Estas alterações têm implicações importantes para a saúde geral dos indivíduos mais velhos, influenciando a sua resistência às infecções, a sua capacidade de combater as doenças e a sua resposta às terapêuticas médicas.

Uma das principais características da imunosenescência é um declínio progressivo da função imunitária, nomeadamente uma alteração da capacidade das células imunitárias para reconhecer e eliminar os agentes patogénicos. As células do sistema imunitário, como os linfócitos T e B, tornam-se menos eficazes com a idade, tornando os indivíduos mais vulneráveis a infecções virais e bacterianas.

Além disso, a imunosenescência está associada a alterações na resposta inflamatória do organismo. Embora a resposta inflamatória seja normalmente benéfica para combater as infecções e curar os tecidos danificados, nos idosos torna-se frequentemente disfuncional. Isto leva a um aumento dos níveis de citocinas pró-inflamatórias, um fenómeno conhecido como inflamação de baixo grau, que pode contribuir para o desenvolvimento de doenças crónicas como as doenças cardiovasculares, a diabetes de tipo 2 e as doenças neurodegenerativas.

Ao mesmo tempo, a imunossenescência está também associada a um aumento da prevalência de doenças auto-imunes nos idosos. Esta maior suscetibilidade resulta, em parte, de perturbações na tolerância imunitária, que conduzem a respostas auto-imunes inadequadas contra os tecidos do corpo.

Em suma, a análise das alterações imunitárias relacionadas com a idade evidencia a complexidade da imunosenescência e as suas repercussões na saúde global dos indivíduos idosos. A compreensão destas alterações é essencial para o desenvolvimento de intervenções médicas e estratégias de saúde pública destinadas a atenuar os efeitos adversos da imunosenescência e a melhorar a qualidade de vida dos idosos.

Impacto dos corticóides exógenos na resposta imunitária e seu papel no tratamento das doenças inflamatórias relacionadas com a idade

Os corticosteróides exógenos, como a prednisona e a dexametasona, são ferramentas fundamentais no arsenal terapêutico para o tratamento de doenças inflamatórias nos idosos, como a artrite reumatoide e a doença pulmonar obstrutiva crónica. O seu mecanismo de ação baseia-se na sua capacidade de imitar a ação do cortisol endógeno, a principal hormona produzida pelas glândulas supra-renais, na supressão de respostas inflamatórias inadequadas.

Estes corticóides exógenos actuam inibindo a produção de citocinas pró-inflamatórias e bloqueando a atividade das células imunitárias envolvidas nos processos inflamatórios. Consequentemente, são eficazes na redução dos sintomas e no abrandamento da progressão das doenças inflamatórias, melhorando assim a qualidade de vida das pessoas idosas afectadas.

No entanto, a utilização prolongada de corticosteróides exógenos apresenta desafios clínicos significativos. Embora possam aliviar os sintomas inflamatórios, podem também comprometer a função imunitária do organismo, aumentando o risco de infecções oportunistas. Esta supressão imunitária pode ser particularmente preocupante nos idosos, que já têm a função imunitária comprometida devido à imunosenescência.

Além disso, os corticosteróides exógenos podem ter efeitos secundários indesejáveis, como a osteoporose, a hipertensão arterial e o aumento de peso, que podem agravar os problemas de saúde pré-existentes nos idosos.

Em resumo, embora os corticosteróides exógenos desempenhem um papel crucial no tratamento das doenças inflamatórias relacionadas com a idade, a sua utilização deve ser cuidadosamente equilibrada para maximizar os benefícios terapêuticos e minimizar os potenciais riscos para a saúde. É essencial uma compreensão aprofundada do seu impacto na resposta imunitária e das suas implicações clínicas para a gestão eficaz das doenças inflamatórias nos idosos.

Capítulo 4: Regulação da tensão arterial pelas hormonas supra-renais

Este capítulo analisa os mecanismos sofisticados subjacentes à interação entre as hormonas supra-renais, como o cortisol e a aldosterona, e a regulação da pressão arterial. Exploraremos a forma como estas hormonas interagem com outros sistemas-chave do organismo, como o sistema renina-angiotensina-aldosterona e o sistema nervoso autónomo, para orquestrar um equilíbrio dinâmico da pressão arterial.

O cortisol, por exemplo, é conhecido pelos seus efeitos variados no metabolismo e no sistema imunitário. Estudos demonstraram que o cortisol pode também influenciar diretamente a tensão arterial, alterando a sensibilidade dos vasos sanguíneos a outras hormonas vasoconstritoras e vasodilatadoras. Esta interação complexa pode ter um impacto significativo na pressão sanguínea, especialmente quando alterada por factores como o envelhecimento ou perturbações adrenais.

Ao analisarmos mais de perto as alterações associadas ao envelhecimento e à disfunção suprarrenal, podemos compreender melhor como estas alterações podem influenciar a tensão arterial. Por exemplo, uma diminuição da produção de aldosterona devido ao envelhecimento pode levar a uma redução da retenção de sódio e a uma diminuição do volume sanguíneo, contribuindo assim para uma descida da tensão arterial. Por outro lado, a secreção excessiva de cortisol, como acontece na síndrome de Cushing, pode levar a uma pressão arterial elevada devido aos seus efeitos na sensibilidade dos vasos sanguíneos e na retenção de sódio.

Para além disso, iremos explorar as implicações destas alterações para o desenvolvimento de doenças cardiovasculares nos idosos. A investigação demonstrou que níveis elevados de cortisol podem promover a aterosclerose, enquanto as perturbações na regulação da aldosterona podem contribuir para a hipertensão arterial, um importante fator de risco para as doenças cardiovasculares.

Ao compreendermos melhor estes mecanismos complexos, estaremos mais bem equipados para desenvolver intervenções terapêuticas mais precisas e personalizadas destinadas a prevenir e tratar problemas de tensão arterial nos idosos. Isto poderá incluir abordagens como a modulação das hormonas supra-renais por fármacos ou intervenções dietéticas, oferecendo novas perspectivas para melhorar a saúde cardiovascular dos indivíduos idosos.

Capítulo 5: Abordagens terapêuticas e perspectivas futuras

Este capítulo oferece um mergulho profundo nas opções terapêuticas para o tratamento de perturbações associadas a uma função adrenal deficiente, destacando a utilização de corticosteróides e abordagens emergentes. Exploraremos também os recentes avanços na investigação bioinorgânica para compreender melhor os mecanismos subjacentes e a sua relevância para o desenvolvimento de tratamentos inovadores. Por último, examinaremos as perspectivas promissoras da medicina personalizada e das terapias específicas para melhorar a saúde dos idosos.

No domínio da bioinorgânica, a investigação intensificou-se para elucidar as interacções complexas entre as hormonas supra-renais, como o cortisol, e enzimas essenciais como a superóxido dismutase (SOD) e a catalase. Estas enzimas são fundamentais para neutralizar as espécies reactivas de oxigénio (ROS), moléculas potencialmente tóxicas produzidas durante o metabolismo celular. O cortisol, através do seu papel de regulador hormonal, influencia diretamente a expressão e a atividade destas enzimas, modulando assim o nível de stress oxidativo no organismo.

Por exemplo, estudos demonstraram que níveis elevados de cortisol podem estimular a síntese de SOD e de catalase, reforçando assim as defesas celulares contra os ERO. No entanto, a disfunção suprarrenal, caracterizada por uma diminuição da produção de cortisol, pode perturbar este equilíbrio. A redução da produção de cortisol pode levar à diminuição da atividade da SOD e da catalase, aumentando a suscetibilidade aos danos oxidativos e contribuindo para o desenvolvimento de doenças relacionadas com a idade, como as doenças cardiovasculares e neurodegenerativas.

Estas descobertas abrem caminho a abordagens terapêuticas inovadoras destinadas a restabelecer o equilíbrio redox perturbado nos idosos. Por exemplo, as terapias destinadas a regular seletivamente a atividade da SOD e da catalase poderiam oferecer novas perspectivas na gestão de doenças associadas ao stress oxidativo e à disfunção adrenal.

Em resumo, a investigação bioinorgânica está a alargar a nossa compreensão dos mecanismos subjacentes às doenças supra-renais e a oferecer vias promissoras para o desenvolvimento de tratamentos personalizados e orientados. Combinada com outros avanços terapêuticos e com a medicina personalizada, esta abordagem oferece perspectivas interessantes para melhorar a saúde e a qualidade de vida dos idosos.

Conclusão

A conclusão deste trabalho de investigação realça a importância vital das hormonas supra-renais na saúde humana, particularmente nos idosos. Através dos vários capítulos explorados, destacámos os papéis complexos e interligados do cortisol, da aldosterona e de outras hormonas supra-renais na regulação do stress, do metabolismo, da resposta imunitária e da pressão arterial.

Em primeiro lugar, examinámos em pormenor os mecanismos pelos quais estas hormonas influenciam estes processos fisiológicos vitais, nomeadamente regulando as respostas inflamatórias, o metabolismo dos açúcares e das gorduras e a resposta ao stress. Explorámos igualmente as consequências da disfunção adrenal, salientando a sua ligação a várias doenças relacionadas com a idade, como as doenças cardiovasculares, a diabetes e o défice cognitivo.

Em segundo lugar, ao explorar as abordagens terapêuticas actuais e emergentes, destacámos os desafios e as oportunidades no tratamento de doenças associadas a uma função adrenal deficiente. A utilização de corticosteróides exógenos e os avanços na investigação bioinorgânica oferecem perspectivas promissoras para melhorar a qualidade de vida dos idosos, minimizando os efeitos secundários indesejáveis.

Por último, ao olharmos para o futuro da medicina personalizada e das terapias direccionadas, estamos a preparar o caminho para uma abordagem mais precisa e individualizada da gestão das perturbações hormonais associadas ao envelhecimento. Ao compreender melhor os mecanismos subjacentes e ao desenvolver tratamentos inovadores, podemos esperar promover a saúde e o bem-estar dos idosos de uma forma mais eficaz e sustentável.

Em conclusão, este trabalho realça a importância crucial das hormonas supra-renais na manutenção da saúde humana, particularmente nos idosos. Ao compreender melhor o seu papel e as suas complexas interacções, podemos esperar desenvolver abordagens terapêuticas mais eficazes e estratégias de prevenção mais direccionadas para melhorar a qualidade de vida dos idosos e promover um envelhecimento saudável para todos.

Glossário :

Cortisol: Hormona esteroide produzida pelo córtex suprarrenal, frequentemente referida como a "hormona do stress" devido ao seu papel na resposta ao stress e na regulação do metabolismo dos hidratos de carbono.

Aldosterona: Hormona esteroide produzida pelo córtex suprarrenal, envolvida na regulação do equilíbrio eletrolítico e da pressão arterial, promovendo a reabsorção de sódio e a excreção de potássio nos rins.

Glândulas supra-renais: Pares de órgãos endócrinos situados na parte superior de cada rim, constituídos pela medula suprarrenal (responsável pela produção de adrenalina e noradrenalina) e pelo córtex suprarrenal (responsável pela produção de hormonas corticosteróides).

Glucocorticóides: Classe de hormonas esteróides produzidas pelo córtex suprarrenal, incluindo o cortisol, com efeitos anti-inflamatórios, imunossupressores e metabólicos.

Mineralocorticóides: Uma classe de hormonas esteróides produzidas pelo córtex suprarrenal, incluindo a aldosterona, que desempenham um papel na regulação do equilíbrio eletrolítico e da pressão arterial.

Corticóides exógenos: Hormonas esteróides sintéticas que imitam a ação do cortisol produzido naturalmente pelas glândulas supra-renais. São frequentemente utilizadas como medicamentos anti-inflamatórios.

Imunosenescência: Processo de envelhecimento do sistema imunitário, caracterizado por uma redução da sua função e eficácia, tornando os indivíduos mais vulneráveis a infecções e doenças auto-imunes.

Cortisol: Uma hormona esteroide produzida pelas glândulas supra-renais em resposta ao stress. Regula vários processos fisiológicos, incluindo a resposta imunitária e a gestão metabólica.

Resposta inflamatória: Reação do sistema imunitário a uma agressão, caracterizada por um aumento da circulação sanguínea, uma acumulação de células imunitárias e a libertação de mediadores químicos para combater os agentes patogénicos ou reparar os tecidos danificados.

Imunomodulação: Processo de regulação da resposta imunitária, que permite ajustar a atividade do sistema imunitário para manter a homeostasia e responder de forma adaptativa a estímulos externos.

Glândula suprarrenal: Também conhecida como glândula suprarrenal, é uma pequena glândula localizada acima de cada rim que produz hormonas essenciais para regular o stress, o metabolismo e outras funções corporais.

Cortisol: Também conhecido como a hormona do stress, o cortisol é uma hormona produzida pelas glândulas supra-renais em resposta ao stress. Desempenha um papel crucial na regulação do metabolismo, na resposta imunitária e na gestão do stress.

Hipotensão ortostática: queda súbita da tensão arterial quando se passa de uma posição sentada ou deitada para uma posição de pé, o que pode provocar tonturas, vertigens ou mesmo desmaios.

Metabolismo: Todos os processos bioquímicos que ocorrem no corpo para manter a vida, incluindo a digestão, a respiração, a regulação da temperatura corporal e a produção de energia.

Função imunitária: Capacidade do sistema imunitário para proteger o organismo contra agentes patogénicos, como bactérias, vírus e células cancerígenas.

Doenças cardiovasculares: doenças do coração e dos vasos sanguíneos, como a hipertensão arterial, as doenças coronárias e os acidentes vasculares cerebrais, que se encontram entre as principais causas de morte a nível mundial.

Diabetes tipo 2: Uma forma de diabetes caracterizada por resistência à insulina e produção insuficiente de insulina pelo pâncreas, frequentemente associada à obesidade e a um estilo de vida sedentário.

Perturbações cognitivas: Alterações da função cognitiva, como a memória, a atenção, a linguagem e as funções executivas, que podem estar associadas ao envelhecimento normal ou a doenças como a doença de Alzheimer.

Hormonas supra-renais: Estas hormonas são produzidas pelas glândulas supra-renais, localizadas acima dos rins, e incluem o cortisol, a aldosterona e as catecolaminas, como a adrenalina e a noradrenalina.

Cortisol: Também conhecido como a hormona do stress, o cortisol é uma hormona esteroide produzida pelas glândulas supra-renais em resposta ao stress. Desempenha um papel importante na regulação do metabolismo, do sistema imunitário e da resposta ao stress.

Aldosterona: Esta hormona é produzida pelas glândulas supra-renais e desempenha um papel essencial na regulação da pressão arterial e do volume sanguíneo, controlando o equilíbrio do sódio e do potássio no organismo.

Pressão arterial: A força exercida pelo sangue contra as paredes das artérias. É medida em milímetros de mercúrio (mmHg) e é composta por dois valores: a pressão sistólica (a pressão máxima quando o coração se contrai) e a pressão diastólica (a pressão mínima quando o coração relaxa).

Sistema Renina-Angiotensina-Aldosterona (SRAA): Um sistema hormonal complexo que regula a pressão arterial e o volume sanguíneo através do controlo da secreção da enzima renina, que converte o angiotensinogénio em angiotensina I, e da regulação da libertação de aldosterona.

SOD (Superóxido Dismutase): Uma enzima envolvida na neutralização de radicais livres, em particular o superóxido aniónico, que é um radical livre altamente reativo.

Catalase: Uma enzima que decompõe o peróxido de hidrogénio em água e oxigénio, desempenhando um papel crucial na defesa da célula contra os danos oxidativos.

Stress oxidativo: desequilíbrio entre a produção de radicais livres e a capacidade dos sistemas de defesa antioxidantes do organismo para os neutralizar, o que provoca danos celulares.

Disfunção suprarrenal: Função prejudicada das glândulas supra-renais, levando a uma produção inadequada de hormonas supra-renais, como o cortisol e a aldosterona.

Referências :

Buttgereit, F., Burmester, G. R., & Brand, M. D. (2020). Bioenergética das funções imunológicas: aspectos fundamentais e terapêuticos. Immunological Reviews, 295(1), 174-186.

Franceschi, C., Garagnani, P., Parini, P., Giuliani, C., & Santoro, A. (2018). Inflamação: um novo ponto de vista imuno-metabólico para doenças relacionadas à idade. Nature Reviews Endocrinology, 14(10), 576-590.

Prattichizzo, F., De Nigris, V., Spiga, R., Mancuso, E., La Sala, L., Antonicelli, R., ... & Ceriello, A. (2018). Inflamação e metaflamação: o yin e o yang do diabetes tipo 2. Revisões de pesquisa sobre envelhecimento, 41, 1-17.

Sapey, E., Greenwood, H., Walton, G., Mann, E., Love, A., Aaronson, N., ... & Lord, J. M. (2014). A inibição da fosfoinositídeo 3-quinase restaura a precisão dos neutrófilos em idosos: em direção a tratamentos direcionados para a imunossenescência. Sangue, 123(2), 239-248.

Torre, L. A., Bray, F., Siegel, R. L., Ferlay, J., Lortet-Tieulent, J., & Jemal, A. (2015). Estatísticas globais do cancro, 2012. CA: A Cancer Journal for Clinicians, 65(2), 87-108.

McEwen, B. S. (2002). The neurobiology of stress: from serendipity to clinical relevance. Brain Research, 886(1-2), 172-189.

Ouanes, S., & Popp, J. (2019). Cortisol alto e o risco de demência e doença de Alzheimer: uma revisão da literatura. Fronteiras em Neurociência do Envelhecimento, 11, 43.

Shibao, C., Lipsitz, L. A., Biaggioni, I., & American Society of Hypertension Writing Group (2013). Avaliação e tratamento da hipotensão ortostática. Jornal da Sociedade Americana de Hipertensão, 7(4), 317-324.

Soysal, P., Veronese, N., Arik, F., Kalan, U., Smith, L., Isik, A. T., & Stubbs, B. (2019). Hipotensão ortostática e resultados de saúde: uma revisão geral de estudos observacionais. Jornal Europeu de Medicina Interna, 61, 26-34.

Xu, W. L., Atti, A. R., Gatz, M., Pedersen, N. L., & Johansson, B. (2011). O excesso de peso e a obesidade na meia-idade aumentam o risco de demência tardia: um estudo de gémeos de base populacional. Neurology, 76(18), 1568-1574.

Barrett, K. E., Barman, S. M., Boitano, S., & Brooks, H. L. (2012). Revisão de Ganong de Fisiologia Médica. McGraw-Hill Medical.

Chrousos, G. P. (1995). The Hypothalamic-Pituitary-Adrenal Axis and Immune-Mediated Inflammation (O eixo hipotálamo-hipófise-adrenal e a inflamação imunomediada). New England Journal of Medicine, 332(20), 1351-1362.

Kenney, W. L., Wilmore, J. H., & Costill, D. L. (2012). Fisiologia do desporto e do exercício. Human Kinetics.

Miller, W. L. (2017). Distúrbios na produção de hormônios adrenais. Em JL Jameson, & LJ De Groot (Eds.), Endocrinologia: Adulto e Pediátrico (7ª Edição) (pp. 1654-1674). Elsevier.

Weitzman, R. E., & Ference, B. A. (2020). Prednisona e Prednisolona. Em StatPearls. Treasure Island (FL): StatPearls Publishing.

Fernández-Real, J. M., & Ricart, W. (2003). Resistência à insulina e síndrome inflamatória cardiovascular crónica. Endocrine Reviews, 24(3), 278-301.

Michaud, M., Balardy, L., Moulis, G., Gaudin, C., Peyrot, C., Vellas, B., ... & Nourhashemi, F. (2013). Citocinas pró-inflamatórias, envelhecimento e doenças relacionadas com a idade. Jornal da Associação Americana de Directores Médicos, 14(12), 877-882.

Papaconstantinou, J. (2009). The role of signaling pathways of inflammation and oxidative stress in development of senescence and aging phenotypes in cardiovascular disease. Cells, 8(12), 1383.

Brownlee, M. (2001). Biochemistry and molecular cell biology of diabetic complications (Bioquímica e biologia celular molecular das complicações da diabetes). Nature, 414(6865), 813-820.

Esterbauer, H., Schaur, R. J., & Zollner, H. (1991). Chemistry and biochemistry of 4-hydroxynonenal, malonaldehyde and related aldehydes. Free Radical Biology and Medicine, 11(1), 81-128.

Butterfield, D. A., & Lauderback, C. M. (2002). Peroxidação lipídica e oxidação de proteínas no cérebro da doença de Alzheimer: causas e consequências potenciais envolvendo o stress oxidativo radical livre associado ao peptídeo β amiloide. Free Radical Biology and Medicine, 32(11), 1050-1060.

Guyton, A.C., & Hall, J.E. (2015). Textbook of Medical Physiology [Livro-texto de fisiologia médica]. Philadelphia, PA: Saunders.

Becker, K.L. (2001). Principles and Practice of Endocrinology and Metabolism (Princípios e Práticas de Endocrinologia e Metabolismo). Philadelphia, PA: Lippincott Williams & Wilkins.

Ross, A.C., Caballero, B., Cousins, R.J., et al. (2014). Modern Nutrition in Health and Disease (Nutrição moderna na saúde e na doença). Baltimore, MD: Lippincott Williams & Wilkins.

Rainey, W.E., & Nakamura, Y. (2008). Regulação do córtex adrenal. Endocrine Development, 20, 99-116.

Bornstein, S.R., Allolio, B., Arlt, W., et al. (2016). Diagnóstico e tratamento da insuficiência adrenal primária: uma diretriz de prática clínica da sociedade endócrina. The Journal of Clinical Endocrinology & Metabolism, 101(2), 364-389.

Printed by Books on Demand GmbH, Norderstedt / Germany